筑境

中国精致建筑100

筑境

中国精致建筑100

青海瞿昙寺

博文 撰文/徐庭发 吴葱 摄影

中国建筑工业出版社

出版说明

中国是一个地大物博、历史悠久的文明古国。自历史的脚步迈入新世纪大门以来，她越来越成为世人瞩目的焦点，正不断向世人绽放她历史上曾具有的魅力和光辉异彩。当代中国的经济腾飞、古代中国的文化瑰宝，都已成了世人热衷研究和深入了解的课题。

作为国家级科技出版单位——中国建筑工业出版社60年来始终以弘扬和传承中华民族优秀的建筑文化，推动和传播中国建筑技术进步与发展，向世界介绍和展示中国从古至今的建设成就为己任，并用行动践行着“弘扬中华文化，增强中华文化国际影响力”的使命。从20世纪80年代开始，中国建筑工业出版社就非常重视与海内外同仁进行建筑文化交流与合作，并策划、组织编撰、出版了一系列反映我中华传统建筑风貌的学术画册和学术著作，并在海内外产生了重大影响。

“中国精致建筑100”是中国建筑工业出版社与台湾锦绣出版事业股份有限公司策划，由中国建筑工业出版社组织国内百余位专家学者和摄影专家不惮繁杂，对遍布全国有历史意义的、有代表性的传统建筑进行认真考察和潜心研究，并按建筑思想、建筑元素、宫殿建筑、礼制建筑、宗教建筑、古城镇、古村落、民居建筑、陵墓建筑、园林建筑、书院与会馆等建筑专题与类别，历经数年系统科学地梳理、编撰而成。本套图书按专题分册，就其历史背景、建筑风格、建筑特征、建筑文化，结合精美图照和线图撰写。全套100册、文约200万字、图照6000余幅。

这套图书内容精练、文字通俗、图文并茂、设计考究，是适合海内外读者轻松阅读、便于携带的专业与文化并蓄的普及性读物。目的是让更多的热爱中华文化的人，更全面地欣赏和认识中国传统建筑特有的丰姿、独特的设计手法、精湛的建造技艺，及其绝妙的细部处理，并为世界建筑界记录下可资回味的建筑文化遗产，为海内外读者打开一扇建筑知识和艺术的大门。

这套图书将以中、英文两种文版推出，可供广大中外古建筑之研究者、爱好者、旅游者阅读和珍藏。

目录

青海瞿昙寺

从元代到清代，藏传佛教（又称喇嘛教）由于统治者的扶持，得到了迅速发展，藏传佛教不仅在西藏受到尊崇，而且在青海、四川、云南、新疆、内蒙古、甘肃、宁夏以及华北和东北等许多地区都有广泛传播。与藏传佛教发展和传播过程相适应，藏传佛教寺院建筑在藏族碉房的基础上吸收印度、尼泊尔以及内地的建筑文化，形成了独特的风格，并且在不同的历史和地理环境中展现出多种风貌。从已知的建筑形式看，大致可分为六种基本类型，即印度-尼泊尔式、藏式、藏尼结合式、汉藏结合式、汉藏并列式和汉式。明代初期由皇帝赐建、地处汉藏交汇地区的青海瞿昙寺，就是其中汉式风格的典型代表。

瞿昙寺，藏语称“卓仓拉康果丹代”，亦称“卓仓多杰羌”，意为“乐都持金刚佛寺”，坐落在青海省省会西宁市以东的乐都县境内。西宁、乐都一带地处黄河及其重要支流湟水的交汇区域，原属安多藏区，西控“塞外诸卫”，“北据蒙古，南捍诸番”，东卫关陇，乃“用武之重地，河西之捍卫”，具有极其重要的军事地位。另一方面，这一地区作为青藏高原的东方门户，与内地接触频繁，深受中原地区文化影响，是青海东部地区经济文化荟萃之地。

乐都县位于达坂山和拉脊山之间的湟水谷地中下游，海拔在1800—4484米之间，总面积28200平方公里。高庙镇柳湾村原始社会晚期氏族公共墓地出土的文物，将乐都地区的历史追溯到五千年前的新石器时代。周秦时，该地多为羌人居住。汉武帝始于乐都设县。公元4—5世纪这里一度曾是南凉秃发乌孤的都城。此后历西秦、北魏、西魏、北周、隋、唐、宋、元等各代，乐都均有郡县州治的设置。至明代，乃隶属陕西行都司，洪武二年（1369年）在故乐州地设置碾伯卫；十九年（1386年）废卫改为右千户所，属西宁卫辖。清雍正三年（1725年）碾伯所改为碾伯县，隶属甘肃西宁府。民国仍袭旧制，至民国18年（1929年）正月青海省成立，碾伯县复改乐都县。1949年以后，乐都县隶属于青海省海东行政公署。

在乐都县县治碾伯镇西南23公里处，有一座用黄土夯就的大土堡，堡内殿宇纵列，楼阁崇耸，檐牙高啄，这就是著名的瞿昙寺。瞿昙寺背靠罗汉山，前临瞿昙河，显露出一种与众不同的气势。

“瞿昙”一词来自梵语，在印度史书中作为历史上著名领袖、战士、大臣和教师的姓氏而屡屡出现。在中国的史书中，一般被认为是佛祖释迦牟尼的姓，如《玉篇》：“西国呼世尊曰‘瞿昙’”；《辽史·礼志》：“西域净梵王子姓瞿昙氏。”明太祖朱元璋赐名瞿昙寺也正是出于这个佛学意义。

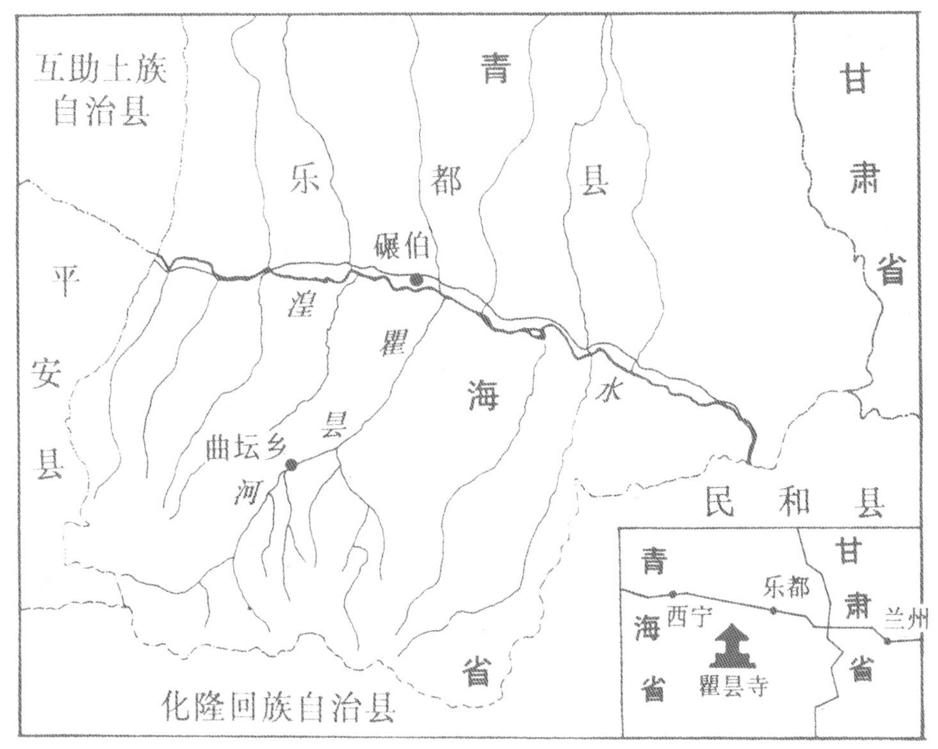

图0-1 瞿昙寺位置图

特殊的地理位置，也是昔日瞿昙寺备受皇家恩宠的原因之一。

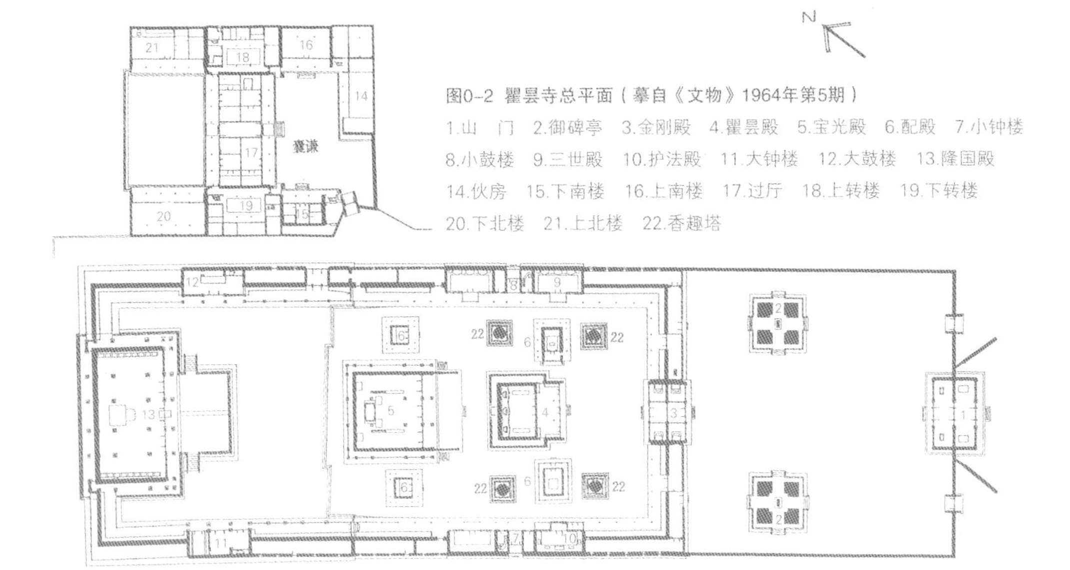

图0-2 瞿昙寺总平面（摹自《文物》1964年第5期）

1.山 门 2.御碑亭 3.金刚殿 4.瞿昙殿 5.宝光殿 6.配殿 7.小钟楼 8.小鼓楼 9.三世殿 10.护法殿 11.大钟楼 12.大鼓楼 13.隆国殿 14.伙房 15.下南楼 16.上南楼 17.过厅 18.上转楼 19.下转楼 20.下北楼 21.上北楼 22.香趣塔

瞿昙寺的前身是一座叫做“色哲三罗佛刹”的小庙，由三罗喇嘛创立。三罗喇嘛，《明史》中作“三喇”，法名桑尔加查实，藏传佛教噶举派即红教僧人，元末生于洛扎卓垅沟。因其曾在青海湖的海心山长期修行，世称“海喇嘛”，藏族也叫他“大成就者海心仙人”。明洪武二年（1369年），明军挥师西北，恩威并重，剿抚兼用，以抚为主，甘、青一带藏族首领纷纷归顺。是时三罗喇嘛积极协助朝廷招抚，率众为善，为明朝立下汗马功劳。此后，三罗喇嘛向明朝进贡，并请求皇帝御赐寺额。朱元璋从其所请，于明洪武二十六年（1393年）赐额曰“瞿昙寺”。由于得到了朝廷的支持，瞿昙寺踵事增华，规模不断扩大。后来又经明代几朝皇帝修建或扩建，香火日盛，渐成西宁一带享有盛名的寺院。明永乐时，瞿昙寺住持喇嘛斑丹藏卜又被朱棣封为“灌定静觉宏济大国师”，此举极大地增强了瞿昙寺的权威。至宣德时寺院辖地南北约35公里，东西约40公里，成为这一地区政治宗教合一的权力中心。

然而，正值瞿昙寺轰轰烈烈经营之时，公元15世纪初，藏传佛教格鲁派即“黄教”已在藏蒙地区崛起。明万历六年（1578年），格鲁派索南嘉措活佛（即达赖三世）在青海湖东的仰华寺与蒙古土默特部俺答汗结盟，致使明王朝“断羌胡之交”的策略破产，明初在安多藏区形成的政治格局和民族分布格局随之明显改观，瞿昙寺原有的政治作用和地位也相应大大削弱。格鲁派兴起后，广泛传播于藏、蒙各部落中，黄教寺院大量兴建，实际上已形成了一个全藏性的、政治经济实力远远超过其他教派的寺庙集团。在这种政治和宗教形势的变化中，作为噶举派即“红教”名刹的瞿昙寺日渐式微，终于从辉煌跌向低谷，最后竟不得不由噶举派改宗格鲁派。清代以降，格鲁派更受朝廷扶持，瞿昙寺备受冷遇，内讧不断。又因清雍正元年（1723年）受罗卜藏丹津反叛事件牵连，寺主阿旺宗哲入狱七年，瞿昙寺更是每况愈下，一蹶不振。

瞿昙寺由盛而衰，却甚为完整地保留了其全盛时期的基本面貌，因而具有重要的文物价值。1959年，瞿昙寺被列入青海省第三批文物保护单位，派专人负责管理并拨款维修。1982年，瞿昙寺又被列入第二批全国重点文物保护单位，受到了应有的重视和保护。

图0-3 瞿昙寺远眺/上图

体势圆浑凝重的罗汉山，以其“玄武垂头”之势，构成了瞿昙寺气势雄伟的天然底景。

图0-4 瞿昙寺匾额/下图

如今高挂在瞿昙殿内的这一匾额，系明洪武皇帝朱元璋敕赐。它是瞿昙寺与中央政权联姻的起始标志。

一、佐王纲而理道

如前所述，瞿昙寺的发展过程实际是政治与宗教的融合过程。这是由明代的佛教政策及藏区政策所决定的。

明太祖朱元璋早年（1344—1352年期间）曾削发为僧。登基后，他出于政治需要，对佛教采取了大力扶持、主动干预和积极利用的态度。其对佛事干预之甚，历史上实属罕见。朱元璋之所以如此“景张佛教”，甚至竭力护持以图其“永彰不灭”，是由于他清楚地认识到，佛教能令“人皆在家为善”，而世臻“清泰”，能“善世凶顽”，“阴翊王度”，“佐王纲而理道”。

在重视汉地佛教的同时，洪武皇帝也看到了藏传佛教的力量。基于“招徕番僧本借以化愚俗，弭边患”这一政治方略，洪武年间朱元璋曾先后赐封前元摄帝师喃迦巴藏卜等人为“国师”、“大国师”。洪武七年（1374年）乌斯藏僧人善世禅师进京朝觐，被赐名“善世

图1-1 瞿昙寺御碑亭

巍峨的御碑亭，固然是对浩荡皇恩的尊崇，但它更多地带有炫耀身价的意味。

图1-2 御制碑局部

耸立在东御碑亭内的明洪熙元年御制瞿昙寺碑，是研究瞿昙寺发展情况的珍贵实物资料。

禅师板的达”，令其统治天下诸山。此后西陲之吉星鉴藏喇嘛又到京师，亦备受礼遇，获任僧录司右觉义之职。另外还曾严令乌斯藏和朵甘两处都指挥司对“敢有不尊佛教而慢诸山师者，就本处都指挥司如律施行”。

至明成祖朱棣时，所封赏番僧的人数、职位等，都远远超过了洪武时期。如史籍载称：“自阐化（赞善、护教、阐教、辅教）等五王及（大室、大乘）二法王外（按：另有大慈法王和大德法王），授西天佛子者二，灌顶大国师者九，灌顶国师十有八，其他禅师、僧官，不可悉数。”其中，“法王”等尚属宗教性质，而“王”则是“各有封地”的爵位了，可谓史无前例之举。

对这些封赐的用意和目的，《明史》卷三三一《西域传》曾明确指出：“太祖以西番地广，人犷悍，欲分其势而杀其力，使不为边患，故来者辄授官。”“迨成祖，益封法王及大国师、西天佛子等，俾转相化导，以共尊中国。以故西陲宴然，终明世无番寇之患。”这里，明朝利用佛教的“抚边”政策被清楚地表露无遗。

湟水流域属安多藏区，从公元8世纪中叶后，吐蕃人便长期在此居住。该地居民的基本成分是藏族的情况，直到明代以后才有所改变。10世纪后半叶，藏区佛教复兴，佛教史上称“后弘期”。在后弘期里，佛教从安多等地传回卫藏，宗教集团与地方势力相结合，一开

图1-3 金佛像碑/对面页

《御制金佛像碑》记述了明成祖为瞿昙寺铸造金佛像的情况。碑文特别强调说：“于乎佛体如真常寐静，故无感不应。昔优填王作旃檀佛像，妙感忉利天，匠殊胜特异，利益一切，靡有穷极，朕今用金铸像而感应复若此，所以利益者亦复如是。”这种赤裸裸的神话编织出自皇帝，正是为了神化其“与佛不二”。而源自这一神话，便产生了《安多政教史》所载永乐皇帝是持金刚的化身的民间传说。

始就带有“政教合一”的特点。在这种社会历史背景之下，寺院不仅是当地的宗教中心，同时也成为各地的政治中心、文化中心和经济中心。元统一藏区后，藏传佛教得到扶植，享有种种特权，政教合一，以教兼政，宗教势力空前膨胀。元代的帝师制下，藏族宗教首领甚至可以干预中央朝政。河湟流域在元代，曾建有平安白马寺、化隆夏琼寺、互助东胡王庙（佑宁寺前身）等藏传佛教寺院。

继元代之后，明王朝为了统治整个藏族地区，采取了一系列行之有效的措施。行政建制上沿承并发展了元代旧制，建立了既“政教合一”又有一定分工的僧俗官吏体系。对藏族首领更实行“众封多建”，一改元代独尊萨迦教派的弊病，对藏传佛教各派皆予尊崇和册封，“幅员之内，咸推一视之仁”，使藏区错综复杂的宗教势力和地方军事势力相互牵制，收到了分而治之的效果。而合理地利用军队和法律，严格地控制茶叶等进入藏区和极力笼络宗教上层人士等措施，也都加强了明朝中央政权对藏区的控制。从这些措施可以看出，扶持和分化利用藏传佛教是明朝政府藏区政策的一个重要砝码。

与其他藏区所不同的是，安多地区的藏族，长期与汉族毗邻而居，受朝廷的影响更直接得多，而且这里没有大的地方军事实力集团，排除了寺院与地方军事集团结合的可能性。因此，与卫藏地区自下而上形成政教合一的体制不同，安多地区在国家的政治体制中，是由朝廷任命扶植而形成的，可说是自上而下的。在河湟地区，中央要靠扶持宗教上层建立并维护统治，宗教上层则要紧紧依附中央政府作为立脚的靠山。为确立这一政治联盟，中央政府采取了相应的政策。经济上，不仅对进贡的番僧以优厚的回赠，更不惜重金，广建寺院，并赐封土地；政治上，对寺院上层“多封众建”，广赐名号。种种措施收到了怀柔安抚、社会政治稳定之效。

瞿昙寺正是这个政策的直接受益者，它在明代的兴盛，具有典型的社会历史意义。事实上，瞿昙寺之得以敕建并被御赐寺名，就是创寺僧三罗喇嘛为朝廷招抚流寇、“率众为善”的结果。因三罗喇嘛有功于朝廷，俟其在乐都建成佛刹，于洪武二十六年（1393年）即被明太祖赐名“瞿昙寺”。永乐年间明成祖朱棣更钦派太监扩建瞿昙寺；而至宣德二年（1427年）初才完成的最后一期扩建工程，还有可能从北京派遣了匠师。永乐六年（1408年）所立的“敕谕碑”规定“其常住一应寺宇、田地、山场、园林、财产、孳蓄之类诸人不许侵占骚扰……若有不尊朕命，不敬三宝，故意生事，侮慢欺凌，以沮其教者，必罚无赦!”。类似的敕谕在永乐十六年（1418年）和宣德二年还颁布过两次。宣德年间的敕谕还规定了寺院的势力范围。宣德二年三月，明王朝又下令从西宁卫百户通事旗中调拨五十二名兵士给瞿昙寺，以保护、洒扫和巡视寺宇。如今，寺边的新联村还居住着当时军人的后裔。这一系列的举措，足见明王朝对瞿昙寺的优遇。

除了敕建并被御赐寺名之外，瞿昙寺还是明王朝在藏区实施“众封多建”政策的样板，成为河湟地区赐封职位最高、赏赐最多的一个寺院。前后共有七个皇帝为其敕谕七道，诰命二道，封大国师、国师、都纲各一，颁给大金印一颗，镀金银印一颗，象牙图章二方，铜印一颗。其中，洪武二十六年（1393年），在赐名“瞿昙寺”的同时，朱元璋还立西宁僧司纲，以瞿昙寺的三罗喇嘛为都纲；永乐八年（1410年），封三罗喇嘛之侄徒班丹藏卜为“净觉弘济国师”；两年后，又加封其为“灌顶净觉弘济大国师”；三罗喇嘛的另一侄徒锁南坚参则同时受封“灌顶广智弘善国师”，赐予象牙图章一枚；宣德二年（1427年），赐封三罗喇嘛独传弟子喇嘛绰失吉领占“真修无碍”象牙图章；成化二十二年（1486年），颁给瞿昙寺“灌顶戒定西天佛子大国师”金印；弘治二年（1489年），升授瞿昙寺僧人尼麻藏卜都纲之职，并颁给都纲铜印一颗。据《明实录》记载统计，仅从永乐初（1403年）到宣德末（1435年）的三十二年中，西宁地区番僧被赐以国师称号者就有十三人之多。

二、汉地格局 风水形势

瞿昙寺所在的土堡，其黄土城垣虽已遭到破坏，但旧时轮廓尚依稀可见。土堡分内外两城，西部内城称为“旧城”，瞿昙寺就坐落其中；其余部分称为“新城”，其地平低于旧城一丈有余，为佃户村村民居住的里坊，又称“新城街”。土堡原有四座城门及一座瓮城，形势险要，具有较强的防卫能力。

瞿昙寺的组群布局与汉地佛寺无异，循于风水形势，北高南低，背山面水，负阴抱阳，同景物天成的自然环境有机和谐地结合，沿着一条南向偏东的中轴线坐北朝南地纵深展开。整个建筑群自南而北，序分为空间层次十分丰富的外院、内院和后院共三进院落。

外院匝以红色寺墙，前带砖雕八字影壁的山门位于中轴线南端，为全寺的入口；山门前立幡杆一对，两翼随墙辟出垂花门各一座为东、西角门。院内偏北处，东、西各有一座御碑亭，相对峙立。整个外院，包括角门在内，仅五座建筑，空间舒朗宽旷。

内院主轴线上有金刚殿居前。进入这座门殿，其后序为瞿昙殿和宝光殿这两座内院的主体建筑。在两主殿左右建有四座小配殿和四座喇嘛塔（又称香趣塔）。内院两侧，居东为小鼓楼，其下为三世殿；与之相对称，西侧建有小钟楼和护法殿。两者各以廊庑南接金刚殿两翼，围合成内院，并向后院延伸。和外院相比较，内院的建筑较为密集，鳞次栉比，空间层次丰富，却又略嫌拥塞。

图2-1 瞿昙寺外景

随着地势的升高，建筑群的序列也一步步走向高潮。

后院在宝光殿迤北，地势高起，另成一区。循内院两侧随地势上升的斜廊，上行十数步即至后院。在后院宽敞的庭院北面，居中有隆国殿作为全寺空间序列的结束。隆国殿的形制是一派皇家殿堂风貌，雍容大度，巍峨壮丽，冠于全寺。其东、西两侧，有造型端庄的大鼓楼和大钟楼环护映托，并有两翼抄手斜廊呈向上朝拱之势与之左右相属，更大大强化了隆国殿作为建筑组群重心的宏伟气势。

瞿昙寺的汉式风格，还包含了它堪称典型的风水意匠。洪熙元年（1425年）《御制瞿昙寺碑》曾有“太祖高皇帝……命官相土，审位面势，简材饬工，肇作兰若，高闳壮丽，赐名‘瞿昙’”的记载。这里所谓的“审位面势”、“相土”，就是相度风水，即考察自然环境的形势，包括地形、地貌、地质、生态、小气候、景观及其象征意义，进而在总体规划中，将建筑同景物天成的山水具体而微、和谐有机地结合起来。事实上，瞿昙寺同自然环境整体融合的种种微妙意象至今仍历历可见，其周围山水根据风水“喝名”而来的种种指称意义也一一沿袭下来。这表明，在钦敕瞿昙寺的经营中，风水确曾起过举足轻重的决定性作用。

瞿昙寺的风水格局，座后有体势圆浑凝重的罗汉山，是风水所谓来龙，以其磅礴的气势，被倚作该寺的主山，或曰镇山，构成气势雄伟的天然底景。罗汉山两翼，有庙顶子山在东、卧虎山居西，均衡延展为风水名义上的青龙、白虎二砂山，温驯而又不失威严地护卫在

图2-2 山门外景

具有典型汉地木构特征的山门，借助于高耸的幡杆，营造出一派典型的藏传佛教氛围。

图2-3 金刚殿外景/后页

外观朴实无华的金刚殿，在整体空间序列的组织中有着承上启下的重要作用。

图2-4 香趣塔
具有典型藏传佛教建筑特征的四座香趣塔，与具有典型汉地木构建筑特征的殿堂廊庑，和平共处，互相烘托。

寺院的左右。与此相应，两条小溪一左一右循着后高前低的地势自后山汇入寺前的瞿昙河；清澈的流水，气韵生动地展现出风水所谓“朱雀翔舞”的意象，罗绕襟带着瞿昙寺。这朱雀水潺潺流向东北，又有盛家峡作为风水所谓的水口，两岸对峙着在风水上称为青狮、白象的二水口砂山，传说是龟、蛇二将镇守关拦云云，是由西宁、乐都通向瞿昙寺的气象森严的天然门户。在寺前，与罗汉山隔河相望者，是以其“凤凰单展翅”的象形呈现祥瑞素为僧众称颂的凤凰山，它正是瞿昙寺风水上的朝案之山，成为收束寺前开阔原野并有所呼应的恢朗的对景。就在这山水拱苞、景物天成的宽宏格局中，亦即风水所谓的明堂或区穴中，瞿昙寺建筑群展开了它显现出天人合一深邃境象的规划布局。

瞿昙寺的风水格局，典型显现出兼容了良好地理生态和自然景观质量的环境意象：这

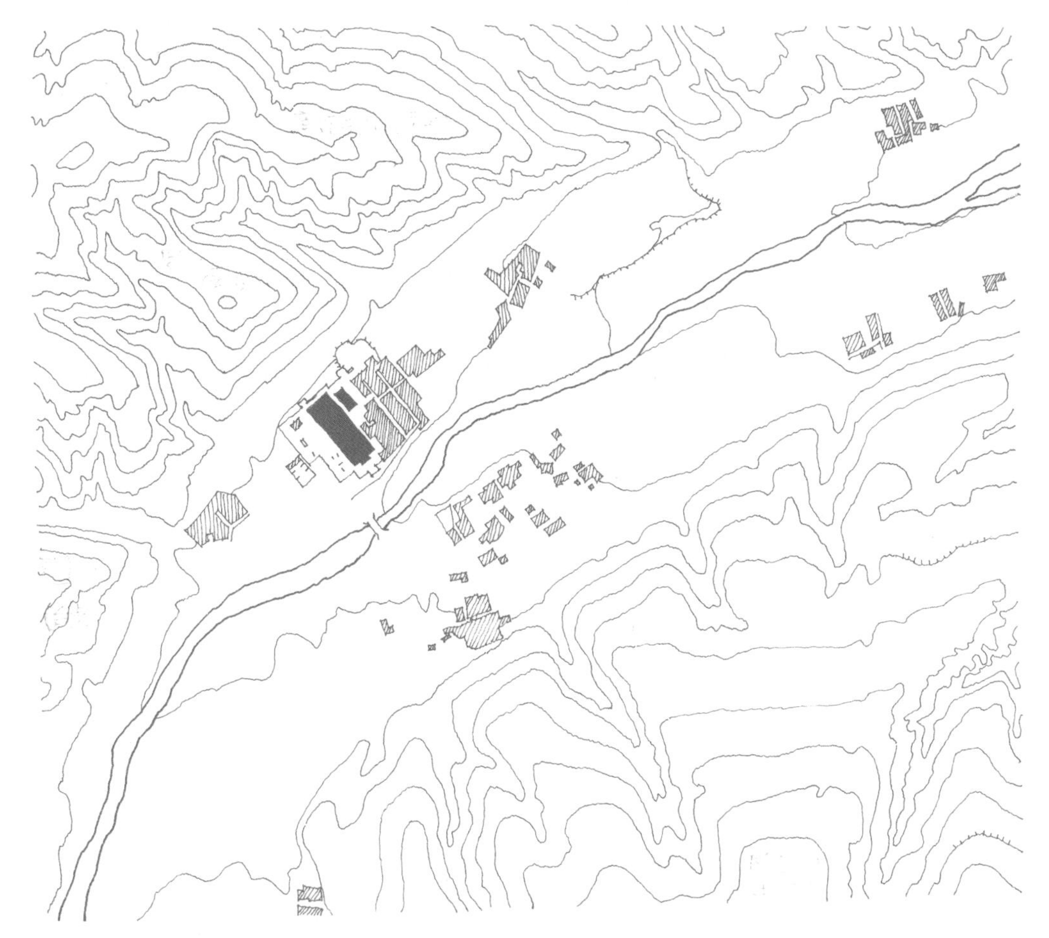

图2-5 瞿昙寺地形图

瞿昙寺建筑群在这山水拱抱、景物天成的宽宏格局中，亦即风水所谓的明堂或区穴中，展开了显现出天人合一深邃境象的规划布局。

里，山水融凝成格局宏壮的内敛向心的外部空间围合，既能阻挡北方的寒流风沙，迎纳阳光，形成山水敛聚，土厚水深，阴阳和合，“生气”得以充盈的良好小气候与生态；又能以其自然景观的优美形象，被赋予种种美妙的象征喻义，在寺院四周展现开来。

瞿昙寺建筑群的规划布局，选择这样的天然形胜，着力于所谓龙、砂、水、穴等风水格局的总体权衡，既充分考虑并巧妙利用了建筑工程所必要的地形、地质及水文等自然环境因素，如地基承载力、排水、防风，甚至防雷等条件；更匠心独运地将周围山水景物撷入其中，并融洽成整个寺院建筑的有机组成部分，使山川自然美同建筑人文美完美和谐地结合起来。整个寺院建筑群的“山向”即主轴线，就是根据周围尤其是前后对景性的主山和朝案之山是否有所呼应来考虑确定的，并未拘于正

图2-6 山门过白
站在瞿昙寺山门内向金刚殿眺望时，这座形制简洁的三间单檐歇山门殿，处在气势磅礴的罗汉山宏伟背景映托下，表现出以远景的气势烘托近景建筑的整体意象。

图2-7 金刚殿过白

金刚殿殿后欢门优雅的轮廓所构成的优雅而真切、背阴而显幽暗的景框，在合理的视距、视角控制下，以及预留得恰到好处的天地空白中，融入了前方主景性的瞿昙殿以及远景性的罗汉山的明丽形象。顿时，远、近、大、小、明、暗等种种关系在视觉的连续印象中重组……形成了妙不可言的神奇审美体验，运斤成风地实现了风水形势说的艺术追求。

南正北；于是形成了瞿昙寺背山面水，后倚罗汉山，前朝凤凰山，庙顶子山和卧虎山东西护卫的整体布局。尤为突出的是，垂花门式样的“囊谦”正门，为了遥对远方“南山积雪”的胜景，竟将其轴线向南偏西扭转，与寺院主体建筑群及“囊谦”院落的中轴线形成约75°的夹角。这种典型的风水处理，就像其他许多生动的实例一样，凝聚了中国古代建筑哲匠的智慧和机巧，使瞿昙寺的整个建筑组群，在正、逆、侧的全方位上，都能得到自然景观的环衬烘托，秩序井然，顾盼生姿，构成涵意丰富而隽永的审美意象。

瞿昙寺建筑组群的规划布局，还根据本质上具有建筑外部空间设计理论性质的风水“形势”说来组织处理，包括确定各单体建筑的尺度、体量，空间序列中的视距控制，序列层次上的空间关系，以及序列展开过程中近景、中景、远景相互转换的知觉群的连续感受效果，等等。

缘于风水形势说关于框景中留出天地的“过白”构图处理方法，在瞿昙寺因地制宜的具体实践中也有非常成功的运用。金刚殿就是一个典型例子：最初，当人们进入瞿昙寺山门向金刚殿趋近时，这座形体简洁的三间单檐歇山门殿，长时间处在气势磅礴的罗汉山宏伟背景映衬下，表现出互相烘托的整体意象。逼近金刚殿，随着其形体的突凸和种种局部细节的展现，罗汉山的体势逐渐在殿后下降，直至消失，风水形势说所追求的时空转换的艺术效果也在这一过程中细腻地体现出来。当穿越欢

图2-8 瞿昙寺城堡示意图
/对面页
瞿昙寺所在的土堡，其黄土城垣虽已遭到破坏，但旧时轮廓尚依稀可见。土堡原有四座城门及一座瓮城，形势险要，具有较强的防卫功能。

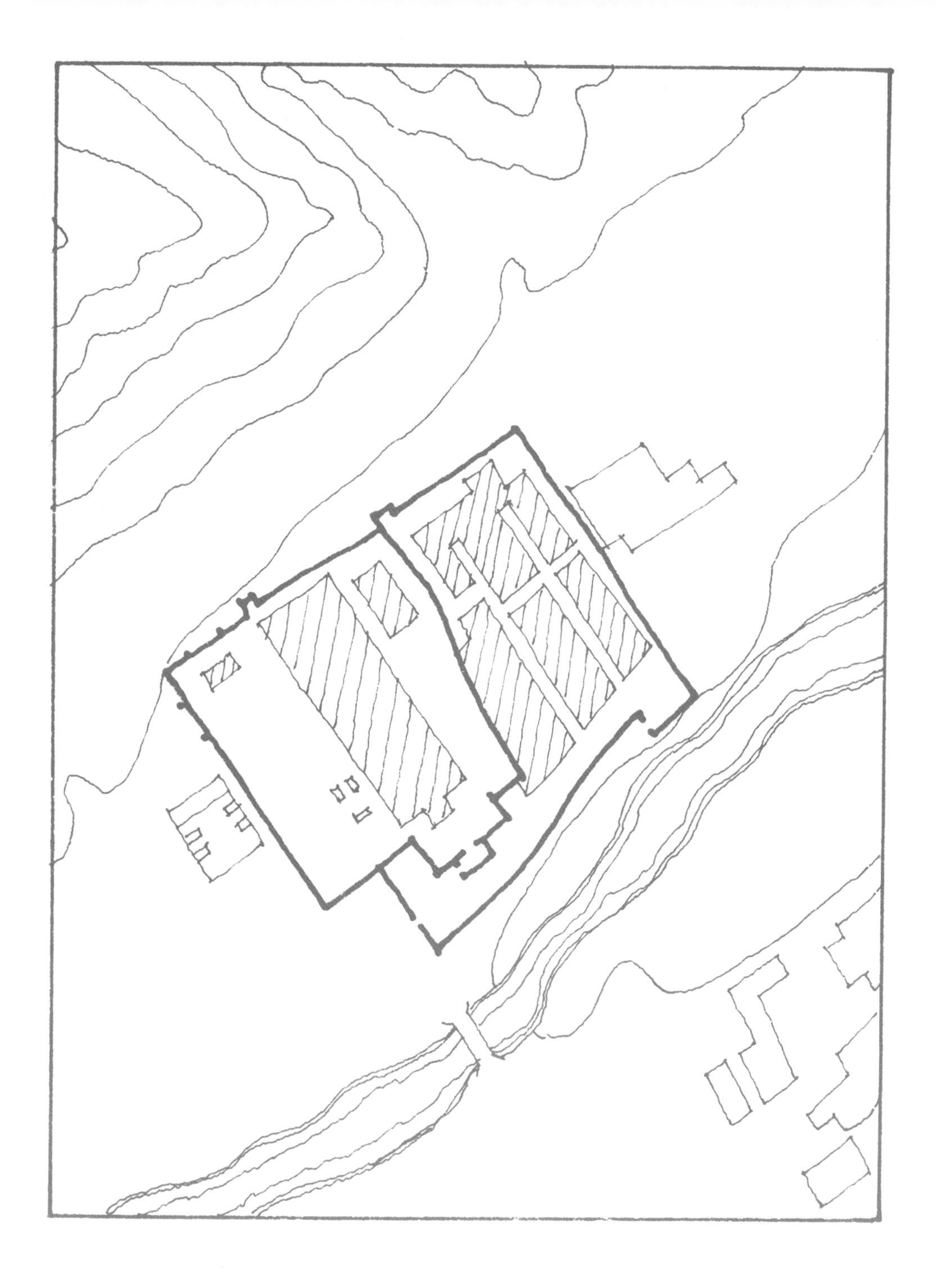

门，来到殿内后部的金檩之下，在两尊天王塑像的连线上，因左右瞻仰天王尊容而驻足时，在殿后欢门优雅的轮廓所构成的景框中，伟岸的罗汉山又成为令人瞩目的瞿昙殿的背景，再次呈现出以远景气势烘托近景建筑的整体意象。这一过白处理，景框优雅而真切，背阴而显幽暗，在合理的视距、视角控制下，以及预留得恰到好处的天地空白中，融入了前方主景性的瞿昙殿以及远景性的罗汉山的明丽形象。顿时，远、近、大、小、明、暗等种种关系在视觉的连续印象中重组……形成了妙不可言的神奇审美体验。

三、宝刹庄严　光映雪山

图3-1 瞿昙殿外景
瞿昙殿外观最引人注目之处是它的正脊、垂脊、戗脊、围脊以及山花和博风，均作砖雕，十分细致华丽。此外其两山墙尚各开有圆窗一对，也是比较突出的特征之一。

瞿昙寺内院中的两座殿堂瞿昙殿和宝光殿是瞿昙寺发展过程中的两个重要里程碑。

瞿昙殿实际应称作“瞿昙寺”殿，原系三罗喇嘛于洪武二十五年（1392年）建造的一所佛殿，当时称作“色哲三罗佛刹”。翌年，朱元璋根据三罗喇嘛的请求赐名“瞿昙寺”。赐名的年代，尚可从瞿昙殿至今高悬的匾额中“大明洪武二十六季月日立”的题款得到印证。而瞿昙寺内遗存的永乐六年（1408年）明成祖《皇帝敕谕碑》、洪熙元年（1425年）明仁宗的《御制瞿昙寺碑》和宣德二年（1427年）明宣宗的《御制瞿昙寺后殿碑》中，也都述及此事。

瞿昙殿面宽五间，进深四间，重檐歇山顶，前出抱厦三间。正脊、垂脊、戗脊及围脊，山花和博风，均作砖雕，十分细致华丽。殿外周除后檐明间及前檐当心三间辟门而外，

图3-2 瞿昙殿壁画坛城

瞿昙殿前檐抱厦内的壁画上所绘密宗“曼荼罗”坛城等图案，可以使人们对神秘的“曼荼罗”坛城有一个直观的了解。

均砌筑厚墙，外部下肩作清水，墙身抹灰刷红，两山墙尚各开有圆窗一对。外墙内尚砌有夹墙，构成周匝殿座的暗廊。前檐抱厦通面阔设栅栏门，内为槅扇门三间，后檐明间装槅扇。抱厦内的壁画上绘密宗“曼荼罗”坛城等图案。殿内供三世佛，顶上施棋盘天花，中部作八角藻井。

时隔十几年后，三罗喇嘛于永乐十二年（1414年）圆寂。不过明王朝的政策的连续性并没有因此间断。明成祖朱棣为“循先志”，继续扩建瞿昙寺，宝光殿就是这一时期的作品。

今存瞿昙寺寺主梅氏家庭后裔所藏的手抄本《贡节奉敕诰代辈相传亲供底册》，成书于清顺治八年（1651年）七月，其中有载谓：“永乐年间节奉钦差孟太监指挥田选等奉旨修建宝光、隆国二殿，立有碑记。”其所谓碑记，当指明永乐十六年《皇帝敕谕碑》，谕文有曰：“兹者灌顶净觉弘济大国师班丹藏卜、于西宁迦伴虎满都儿都地面起盖佛寺，特赐名曰‘宝光’。”[按，班丹藏卜系三罗喇嘛之侄，被明廷封为“大国师”，从这里可知宝光殿最后建成于明永乐十六年（1418年）。]宝光殿至今仍存有当时的大理石须弥座、鼎座和壶座以及罄等，其上均镌刻“大明永乐施”字样，也证明了这一点。

此后，宣德二年《御制瞿昙寺后殿碑》也申明：“皇祖太宗文皇帝……又命即寺重作佛

图3-3 瞿昙殿内景
瞿昙殿殿内供三世佛，顶上施棋盘天花，中部作八角藻井。整个空间虽略感局促，但却有助于空间气氛的烘托。

殿。其中规制闳丽，用极崇奉，严敬信而广利济焉。”

《贡节奉敕诰代辈相传亲供底册》的记载，更反映了该工程有朝廷命官和内廷御用监的太监直接参与的事实，也说明了明王朝对该工程的重视。但就宝光殿明显的甘青地方建筑风格包括其法式特征而言，应当说这一时期的扩建工程，主要还是征招当地匠役完成的。朝廷命官和太监的直接参与，在这期间当属董工，与继后主持官工兴建隆国殿尚有所不同。

宝光殿面宽、进深各五间，周围廊平面接近正方形，重檐歇山顶，脊饰砖雕略同瞿昙殿而稍简，山花、博风均用木板，无雕饰。殿

前出月台，其东西两端有与大殿成正交的八字照壁一对。这种一反常态的照壁处理手法其实颇具匠心，因为宝光殿与瞿昙殿之间的距离按常规来看实在是太短了，如果用一般的处理方式，将照壁以45° 左右分列，则无助于空间观感的改善；而与大殿呈90° 角布置的照壁，使大殿前面的空间得以收束，有利于加强空间的纵深感，从而在空间观感上拉大两座殿堂之间的距离，弥补这一布局上的缺陷。前檐廊步后之明、次间设门，各施五抹槅扇四扇，槅扇上有木雕纹样装饰。两山、后檐廊外，循檐柱施直棂栏杆，使廊内外不能相通；廊内则围砌厚墙，墙下肩作清水，外面上身抹灰刷白，内墙面均作大幅佛像壁画。殿内施棋盘天花。供奉释迦及胁侍菩萨，右后为宗喀巴，左后为寺院创始人三罗喇嘛；两侧列八大菩萨。殿内尚存永乐皇帝所布施的大理石供座等珍贵文物，供座两侧柱间通高的木隔断为他处所少见。此外，宝光殿在空间气氛处理方面也很有特点，

图3-4 宝光殿雪景/前页
披上薄薄一层雪花的宝光殿，与周围白雪皑皑的群山遥相辉映，分外璀璨。

图3-5 宝光殿外景
宝光殿殿前月台上有与大殿成正交的八字照壁一对，这种颇具匠心的照壁处理手法使大殿前面的空间得以收束，有利于加强空间的纵深感，从而在空间观感上拉大它与瞿昙殿之间的距离，弥补这一布局上的缺陷。

图3-6 宝光殿内景

宝光殿殿内供奉释迦牟尼佛及胁侍菩萨，右后为宗喀巴，左后为寺院创始人三罗喇嘛；两侧列八大菩萨，殿内尚存永乐皇帝所布施的大理石供座等珍贵文物，供座两侧柱间通高的木隔断为他处所少见。其天花图案亦带有强烈的藏传佛教色彩。

室内棋盘天花的六字真言图案、梁枋及檐廊垫板上的佛像彩画等等都有力地烘托了室内空间气氛，使这座汉式殿堂建筑充满了藏传佛教气息。

这两座佛殿有一个共同的特征，就是其平面形状均接近方形并略呈回方形，只不过前者是用实墙围合成封闭的内廊而后者是用檐柱暗示出通透的柱廊而已。这与汉地寺院殿堂常见的矩形平面形成了鲜明的对照。考其原因，当与西藏寺院中的“都纲法式”有着密切联系。

“都纲”为藏语译音，意为寺院的大殿，也指各附设扎仓的僧众集会会堂，又作都康。“都纲法式”的基本形制是在藏式民居方形平面的基础上，以二层或多层楼房环绕高高拔起的中心部位，构成回字形平面。

“都纲法式”是佛教曼荼罗坛场与藏式住宅方形平面完美结合的产物。所谓“曼荼罗”系梵文音译，原是古印度《吠荼经》中一个抽象的场所概念。它是古雅利安人的宇宙图式在建筑中的具象化。在宗教建筑中保留了曼荼罗的中心的概念，以方坛或圆坛等规则图形的坛场作为作法受戒的场所。在藏传佛教中，曼荼罗的宇宙图式意义借助于方形平面的传递而更易于被凡人所理解，而方形平面又因为被赋予了曼荼罗的宇宙图式意义而构成了独特的空间活动模式。回字形平面的产生，又与印度佛教的旋佛制度有关。藏传佛教将旋佛制度改造为转经活动，而转经活动又导致了内外两路转经道的出现。早期的内路转经道，即采用了环绕方形平面的封闭回廊，进而演化成回字形平面。

瞿昙殿和宝光殿的方形平面，也使人们能够看到瞿昙寺的格局逐渐从藏式布局模式的影响中摆脱出来而走向汉化的历史轨迹。因此，它们所传达的信息，并不仅仅停留在建筑模式的范畴。

四、到了瞿昙寺　再不去北京

瞿昙寺地区曾有民谚流传："到了瞿昙寺，再不去北京。"还有人把瞿昙寺称为"小故宫"，意思指隆国殿和大鼓楼、大钟楼等建筑是仿照北京紫禁城的宫殿建造的。隆国殿面阔七间，进深五间，周围廊平面，重檐庑殿顶，坐落在前出大月台、左右两侧设抄手踏跺、匝以石雕望柱拦板的须弥座台基上。两山和后檐砌筑砖墙。前檐明间和次间开门装四抹槅扇，槅心的比例约为全长四分之一，"作簇六雪花纹"近似"三交六椀菱花"。裙板部分剔地起雕三幅云。东西两梢间装二抹槛窗，槅心菱花与槅扇同。室内为棋盘天花。殿内奉大持金刚，两侧列十八罗汉。两侧墙及后墙上画壁画，题材为释迦、菩萨、比丘和欢喜佛等。殿内其他文物还有大理石须弥座、像背云鼓石雕等等。大殿两侧接抄手斜廊，保留了明北京紫禁城奉天殿的形制。

"小故宫"之说虽尚未见明确的文字记载，但从现场勘测来看，除体量尺度相逊而外，这组建筑的规制及配置与明故宫奉天殿、左翼的文楼以及右侧的武楼，确有许多对应吻合之处。从历史背景上分析，也有理由相信，隆国殿一组建筑移植明初北京的宫廷建筑，应有极大的可能。

现北京故宫太和殿，最早建成于明永乐十八年（1420年），称奉天殿。东面的体仁阁即永乐时的文楼，西面的弘义阁明代称武楼。如前所述，隆国殿及大钟鼓楼的开工日期，当在永乐十六年宝光殿落成之后，并完成于宣德二年。这首先在时间上提供了可能性。

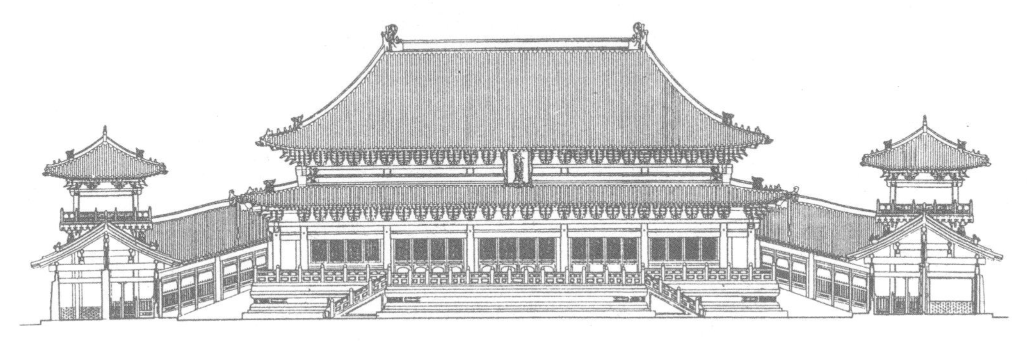

a 隆国殿、大钟楼及大鼓楼群体立面图
（图片来源：天津大学建筑学院测绘）

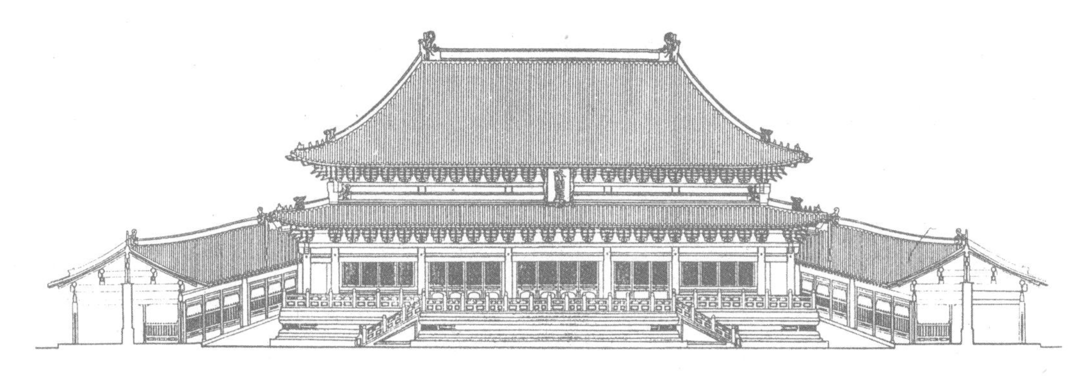

b 隆国殿立面图

图4-1 隆国殿立面图（图片来源：天津大学建筑学院测绘）

除了规模上的差异之外，从隆国殿的立面形象中确实能看出几分太和殿的影子。在普通的寺庙中，能够见到庑殿这种级别最高的屋顶形式，怎能不令人在惊诧之余引发联想翩翩。

图4-2 隆国殿室内
佛像、须弥座、“皇帝万万岁”木牌以及色彩斑斓的哈达和壁画，使这座典型的汉式木构大殿洋溢着浓郁的藏传佛教气息。

图4-3 宣德年间造须弥座/对面页
隆国殿内的须弥座，系与隆国殿同期建造。该须弥座由两个小须弥座重置而成，总高3.2米、宽3.6米、长4.6米，为大持金刚宝座，须弥座四周以莲花和卷草纹样为装饰，造型优雅、刻工精致。

其次，从规制和布局方面具体比较，也有力说明这种可能性确实存在。

奉天殿建于三层须弥座式月台之上，面宽九间，重檐庑殿顶；以楼阁式的文楼和武楼为左右配殿，周匝带琉璃滴珠板的平座，亦以庑殿结顶；左右廊庑相接，在奉天殿两边则呈抄手斜廊连属。这种状况，一直延续到清康熙三十四年（1696年）重建太和殿，为防火才将抄手斜廊改为卡子墙。太和殿重建后，面宽十一间，如今天所见。明代的《明人宫殿图》和清代的《皇城宫殿衙署图》，都展现了斜廊的形象。奉天殿抄手斜廊的昔日辉煌，今天却从瞿昙寺隆国殿的实物遗存中映现出来。

隆国殿等以故宫为蓝本，还包括了其许多细部形象。以楼阁作为主体建筑的陪衬，这在明代寺院中已不多见。而楼阁式的配殿也使用

图4-4 象背云鼓

象背云鼓，又称皮鼓卧象座，用红砂石雕刻而成，高2米、长1.3米。其造型构思巧妙，一只鼻衔莲花的大象俯卧在莲花座上，回首而视。石象身负鞍蹬笼缰，并有璎珞纹饰，神态优美，栩栩如生。

图4-5 隆国殿雪景

四月下旬，山下已是春光明媚，山上仍然尚未与寒冷彻底告别。夜间纷扬飘洒的雪花，虽然在清晨温暖阳光的抚慰下逐渐化成雪水，却也可使人依稀看到隆国殿冬日的森严气象。

与主体殿宇级别相同的庑殿顶，就更为罕见；这是因为庑殿顶是当时级别最尊的屋顶形式，只有最高级别的建筑才可以使用。目前除太和殿两侧的体仁、弘义二阁，还未发现其他实例。而隆国殿的这种情况，固然可以反映当时明廷对佛教的崇奉程度，另一方面也说明，若将此归结为偶然巧合，则实在无法令人信服。况且廊庑的外檐用一斗三升斗栱、钟鼓楼二层平座的滴珠板、隆国殿的“雪花簇六”槅扇，等等不胜枚举的细节，都有与太和殿微妙相似的地方。

图4-6 隆国殿匾额

“隆国殿”匾额悬挂在隆国殿明间上檐，正中榜书“隆国殿”三个大字，下署“大明宣德二年二月初九日建立”，匾额四周还饰有龙纹。

明清故宫里抄手斜廊的存在是个不争的事实，但到底是平面上的斜廊还是竖向上的斜廊即爬山廊呢？这一问题一直存有争议。于倬云先生《紫禁城始建经略与明代建筑考》一文中认为是竖向的斜廊，并从构造和艺术造型的角度提出了有力的证据。而另有学者却认为，鉴于中国古代的建筑总体图常在平面上画出立面形象，所以不能排除斜廊是平面斜廊的可能性。不言而喻，在隆国殿这一故宫的“活化石”面前，这一问题便可雾散廓清。

第三，从历史背景上分析，隆国殿等移植明初北京的宫廷建筑，自有政治需要。

前文曾经谈到，明王朝需要利用宗教上层作为纽带来统治藏区，而藏区宗教领袖也需要紧紧依附朝廷作为政治靠山，双方都需要皇权和神权的统一。宗教建筑所代表的神权可为皇权利用，反过来也是一样。瞿昙寺对奉天殿的移植，正是对此意图的极好的图式表达。

隆国殿内有一个重要供奉品，即“皇帝万万岁”牌位，背刻“大明宣德二年二月初九日，御用监太监孟继、尚义、陈亨、袁琦建立”。供奉佛祖时还不忘朝拜皇帝，这是对神权和皇权关系的一个多么生动的写照。而敕建瞿昙寺的皇帝，更无一不将其本身与佛作等量齐观。《御制瞿昙寺后殿碑》中即申明：“惟佛暨我国家，永永同寿。”《御制瞿昙寺碑》中则直言明太祖、明成祖“二圣功德，与佛不二”。

图4-7 “皇帝万万岁”木碑

碑由红木制成，高2.4米，正面榜书“皇帝万万岁”五个金字，左右两边有梵文和藏文对照；背面刻有“大明宣德二年二月初九日御用监太监孟继尚义陈亨袁琦建立”，并有藏文对照。

另外，民间流传有关于三罗喇嘛遗鞭选址的传说。相传三罗来到瞿昙寺址，见有清泉，便去饮水，结果遗失了马鞭。当三罗回到泉水旁边去找寻时，不见了马鞭，但见水中有两条小金鱼在追逐游戏，于是三罗认为这是鱼龙变化的泉水，决定在此修寺，大殿依皇宫的式样修在泉水上，象征游龙，是皇帝的行宫。这种传说能够流传的事实本身说明，皇权和神权结合的合法性是深入人心的。

隆国殿一组建筑，通过移植的手法，借用大内宫殿的形式，从而将“天下之大，莫非王土”和“佛暨我国家永永同寿”的意义，将皇权和神权结合的政治姻缘的合法性充分地表达出来。

五、抄手斜廊　复道行空

图5-1 斜廊外景
抄手斜廊曾经是宫殿庙堂建筑制度不可或缺的构成要素。隆国殿的斜廊是目前所发现的珍贵实物遗存，堪称斜廊活化石。

图5-2 斜廊俯视/对面页
抄手斜廊使两侧廊庑延绵而来的气势得以连贯并形成高潮，使隆国殿得到充分的烘托映衬，显现出非同凡响的雍容大度和尊崇神圣。

前文谈到，隆国殿以抄手斜廊与两侧廊庑相属的组合关系是摹自明初的紫禁城。从中国古代建筑发展史来看，这种制度曾是唐宋以来宫殿、祠庙、庙宇的定制，在古代图籍文献中屡见不鲜；但实物遗存却已非常罕见，瞿昙寺是这种制度的珍贵实例之一。

唐代，这种形制就已十分常见。西安大雁塔门楣石刻里就出现了斜廊的形象。唐初高僧道宣《关中创立戒坛图经》有一张律宗寺院总平面图，也是以缀于佛堂两侧的抄手斜廊将廊院分隔和围合。山西晋城青莲寺唐宝历碑刻佛寺图上，主要的殿阁的两侧则连缀了双层的斜廊。唐都城长安的大明宫内的含元殿和麟德殿，据史料记载其两侧也都有斜廊。

宋金时代的祠庙建筑，大致可以从山西万荣汾阴《后土祠庙貌碑》和《大金承安重修中岳庙图》上得到反映。而这两者都毫无例外地使用了斜廊作为分隔和围合廊院空间的要素。

图5-3 斜廊内景
斜廊内侧墙面上所绘壁画，给人以步移景异之感。

前后几道斜廊与工字殿相结合，形成了当时祠庙建筑显著的特征。从宋徽宗赵佶所绘《瑞鹤图》中，可以看到北宋汴梁端门用到了斜廊。此后，明初南京的国子监孔庙的大成殿两侧也用斜廊与廊庑相连属，连同清康熙三十四年以前的北京故宫前三殿和后三殿，以及明王朝初期敕建于青海的瞿昙寺，说明了明代的宫殿、祠庙和寺院建筑里，仍沿袭着这种传承已久的建筑制度。

抄手斜廊，实际是古代建筑以院落作为群体空间组合的主要方式的必然产物。在院落式的空间组合中，由于建筑在高台上的主体建筑一般体量较大，地势较高，两侧廊庑则地势较矮，为使两侧廊庑与主体建筑得以连缀，势必要将抄手廊做成升向主体建筑的爬山斜廊的形式。从建筑空间艺术的审美来讲，廊子本身作为围合空间的界面形象，虚实相生，光影变幻莫测；而抄手斜廊使两侧廊庑延绵而来的气势得以连贯并形成高潮，使主体殿堂得到充分的烘托映衬，显现出非同凡响的雍容大度和尊崇神圣。这种“大壮”与“适形”之美，成为“礼之具”即礼制的重要载体，于是使抄手斜廊一度成为宫殿庙堂建筑制度不可或缺的构成要素。

这种审美意象，历春秋战国而至秦汉，曾得到了空前的发展。那时的宫廷建筑中，盛行着高台建筑，无论台、观、楼、榭，其共同的特点是建造在高大的台基上。为沟通这些建筑而不患风雨，于是有两层的复道或阁道或架高的廊道流行成风。在这个意义上也可以说，复道或阁道是一种与高台建筑匹配的建筑类型。它上下跨越，风雨无阻，构成了灵活通畅而安全的立体交通，因此往往作为帝王专用的通道，甚至延通异地，连接得很远。如《史记》所载：秦阿房宫向外“周驰为阁道，自殿下直抵南山。表南山之巅以为阙，为复道，自阿房至渭，属之咸阳，以象天极阁道绝汉抵营室也”。而“覆压三百余里”的阿房宫内部也有复杂的复道网相联属。据文献记载，西汉和东汉的帝都宫殿，都有类似的复道或阁道。

秦汉神仙方术深为帝王崇尚，并极力在宫苑中予以表现。其他如一池三山、神明台、井干楼等等都曾成为神仙境界的典型观照。在风行其时的这种人间仙境的艺术塑造中，复道或飞阁，也作为举足轻重的构成元素，从实用功能和审美意象等方面得到了空前的发挥和表现。其意义之一斑，即如汉代张衡《东京赋》所言："飞阁神往，莫我能形"；帝王在复道中游走，出没无形，宛若神仙，怎能不由此得到极大的精神满足。

复道飞阁的这种景观意义和精神功能，在魏晋以后日益兴盛的佛教建筑中，也被用来表现和观照佛国的彼岸世界。《洛阳伽蓝记》中就记载了不少这样的例子。在敦煌莫高窟的大量壁画中，尚可看到隋唐时佛教艺术中这种复道飞阁形式极尽兴盛的万千境象。但在建筑实物遗存中，具有实用功能的复道飞阁已很少见，北京的雍和宫算是难得的一个建筑实例。然而复道飞阁的表现形式，却在一些佛寺的壁藏或天花藻井中留存下来，如山西大同辽代下华严寺薄迦教藏殿、北京智化寺如来殿、山西应县净土寺大雄宝殿等等。

回廊、复道、阁道或者飞阁等等的景观意义，在园林建筑中得到了延续和曲尽其妙的运用。江南私家园林中曲折轻灵的游廊，北京清代御苑中气贯长虹的长廊、爬山廊以及顿挫有致的跌落廊等等，被赋予了种种美妙动人的神韵，创造出多姿多彩的空间审美情趣。

六、晨钟暮鼓 余韵悠长

在一座寺院中同时设置大小两对钟鼓楼的实例并不多见，而瞿昙寺不仅有大小两对钟鼓楼，而且是东鼓西钟，比较特殊。

在汉地佛寺中，钟鼓楼制度曾历经不断的发展。宋代之前，佛寺中仅有钟楼和储藏经卷的经藏或曰经楼，常对峙配置，而没有独立的鼓楼。这是因为在宋代以前，城市里有严格的里坊制度，鼓多用于官府和街市的管理中，寺中不能用鼓，以免干扰市政授时。从敦煌壁画上来看，当时钟楼和经藏配置，有的是放在角楼上，有的放于寺院东西廊的中间楼上，有的则置于单独建造的钟经台上。宋代以降，里坊解体，鼓始得以用于佛寺。与此同时，经藏逐渐演化为可储藏日益增多的经卷的藏经阁，衍为佛寺的主体建筑之一，建置在寺院中轴线的后部。原来布置经藏或经楼的地方，则以鼓楼取代，往往同钟楼相对，配置在佛殿两翼。至明清时，对峙的钟鼓楼又提到了寺院的前部，即进入山门后，天王殿之前的两侧。瞿昙寺

图6-1　大鼓楼外景
大鼓楼坐东而西向，无论是其屋顶形式还是其细部处理，都会令人联想到北京故宫的体仁阁。也正是它与大钟楼、隆国殿的组合，促成了“到了瞿昙寺，再不去北京”民谣的诞生。

图6-2　大鼓楼内景/对面页
楼上居中鼓架上是宣德初年朝廷所赐大鼓。梁枋彩画是明代早期官式彩画中的珍贵实例，以黑绿色为主，不用青色。

的钟鼓楼建于内院的东西廊上，而没有放在前部，实际是保留了早期的制度。

中国古代建筑向来十分讲究方位的意义，佛寺中钟鼓楼的方位也毫不例外。在唐代的佛寺中，钟楼和经楼的方位，就已有“左钟右经”的通制。至于北宋，仍继承唐代通制。日本早期的寺院如法隆寺也是东钟西经。然而这一通制之外，也还存在完全相反的情况。如萧默先生《敦煌建筑研究》所统计，敦煌壁画中的隋唐佛寺，竟是东钟西经和东经西钟的情况各占一半。从中唐以后，尤其是宋代以后成对建置钟鼓楼的佛寺实例来看，虽然东钟西经或东钟西鼓的居多，但也确有不少相反的情况。在日本的寺院，也是两种情况都有，如四天王寺、川源寺、大安寺和东大寺等早期名刹，就都是经藏在东，钟楼在西。而瞿昙寺的钟鼓楼也正与一般寺院的东钟西鼓之制相反，呈东鼓西钟的格局；其建制既属明初四位皇帝钦敕，当然不能轻易视为偶然或疏忽所致。

事实上，远较佛寺为早，中国古代的城市和宫殿中就已有了钟鼓楼制度，传承为礼制的重要载体，并常常被赋予了“崇效天”的宇宙图式、即阴阳五行的意义，以体现天人合一的境界。从已知的材料看，显然因历代尊古与革新的不同，也因为对经史及阴阳五行图式歧义

图6-3 大钟楼外景/对面页

坐西朝东的大钟楼，形制与大鼓楼同。其下层槅扇门虽有所改变，但对整体格局未造成太大影响。

图6-4 大钟楼内景

除了硕大的铜钟以外，山墙上所绘制的壁画及梁枋上的彩画也很引人注目。

图6-5 大钟近景/上图

悬挂在大钟楼上层的这口铜钟，高约2.2米，底部直径1.5米，钟纽为蟠龙状，肩部饰有莲花纹样，钟身遍布藏文六字真言篆书及金刚杵纹饰，并有汉藏两种文字的“大明宣德年施”铭文。

图6-6 小鼓楼外景/下图

小鼓楼最值得注意之点是其屋顶坡度极缓，与其他屋顶形成了明显的对比。也许是出于宗教礼仪的要求，其下层护法殿明间扩占廊子一间并向南设门，也为其立面形象增添了变化。

图6-7 小钟楼楼板上的传声孔
小钟楼楼板上特意制作的传声孔，可以增强钟声的共鸣效果。

图6-8 与信众敲钟的老阿卡（喇嘛）/对面页
目前瞿昙寺中资格最老的阿卡梅朋措，系瞿昙寺的管家梅氏家族成员之一。7岁时即来到瞿昙寺的这位喇嘛对于瞿昙寺的历史可谓烂熟于心。

纷争的解释应用，中国古代城市和宫殿中的钟鼓楼制度，两种相反的情况都有。

在隋唐及宋佛教逐步臻于全面汉化的历史进程中，汉地佛寺钟鼓楼制度的发展，也无疑会受到这一重要的传统建筑文化因素的深刻影响。

就瞿昙寺的东鼓西钟之制而言，从其仿自紫禁城的营造意匠，即从鼓楼和钟楼对应于奉天殿东文楼西武楼的本源意义上讲，也正可由阴阳五行的图式意义得到合理解释。在学术界看来，明代北京紫禁城的规划布局遵循了阴阳五行学说，已是不争的事实。在类比外推的阴

阳五行图式中，东方居八卦之震位，为阳，五行属木，有诸如：始、旭、昭、直、青、春、生、华、文、仁、政、乐、龙等表征意义，紫禁城东部有万春亭、文华殿、文楼即文昭阁或清代所称体仁阁等，显然就是循于这些意义而布局和命名；与此相对，西方居八卦之兑位，为阴，五行属金，所主为收、暮、成、锐、白、秋、杀、英、武、义、治、礼、虎等表征意义，紫禁城西部的千秋亭、武英殿、武楼即武成阁或清代所称弘义阁等，也正对应于此而配置和指称。

如前所述，瞿昙寺隆国殿前的大鼓楼和大钟楼是对应于奉天殿东文楼西武楼而配置的，它们不仅形制相仿，其将“文楼”改称鼓楼、“武楼”改称钟楼，而不是恰好相反，也未必不是本于五行图式意义上的一致。再考虑到明初中都的钟鼓楼也正应这种方位观念的史实，分析明初四位皇帝敕建的瞿昙寺，其东鼓西钟的格局，所缘有由，所征有意，当是显而易见之事。

七、土墙述说的故事

图7-1 瞿昙寺早期壁画/上图
这些技法古朴的壁画大多是直接在土坯墙上抹以灰泥涂白底绘制的。从壁画的用笔、设色上可以看出画师所具有的功力。

图7-2 壁画局部/下图
一丝不苟的描绘，真实地反映了当时建筑的外貌特征。

从宝光殿两侧的斜廊开始往后，在共28间廊庑的墙壁上画满了以释迦牟尼本生故事为题材的壁画，占廊庑总间数的一半强，壁画面积达360平方米以上。壁画内容丰富多彩，场面磅礴宏大，刻画细致入微，形象生动逼真，具有极高的艺术价值和学术研究价值。特别值得珍视的是，壁画里有不少写实性很强、具有鲜明时代特征的亭台楼阁等建筑形象，都绘有清晰、真切、丰富的建筑

图7-3 瞿昙寺晚期人物壁画

形象生动的人物，使这些壁画充满活力。

彩画，堪为研究明清建筑彩画的重要参考资料。从这些壁画的内容、技巧和风格，尤其是其中写实性的建筑法式特征，以及有关题记来看，其最后制作完成的时间，显然应分属两个间隔较长的不同时期。可判断为绘于明代初、属于早期的壁画现存九间共十二面，技法古朴，画面稍嫌单调，色彩微旧，每段故事尚有七言赞诗一首，并在赞诗前面标出题目，从“净居天子为护明菩萨选降处”起，到“五百力士移出大石竟无能动佛掷于空外”止，共十五段故事。属于晚期的壁画共十九间二十四面，色彩华丽，画面景物拥挤；其绘制时间在清代，可从画工在画面中的屏风上所留题记中确切断定。题记之一是“平番县上窑堡画像弟子孙克恭徐润文门徒何汶汉沐手敬画”，按平番县明代为庄浪卫，清康熙二年（1663年）才降置为县，1922年改称今甘肃省永登县，所以可知这些壁画不会早于清康熙二年，或许就是乾隆四十七年回廊修葺时所重绘。此外，据现场勘察，晚期壁画是在土坯墙上先抹以一层草泥，再抹上一层掺有石灰、草麻的灰泥，然后涂刷白底绘画。

图7–4 隆国殿室内壁画/对面页

隆国殿室内的巨幅壁画，在渲染室内空间气氛方面具有重要意义。

除此之外，分布在各单体建筑之内的壁画也表现出很高的艺术水平。隆国殿、宝光殿、瞿昙殿和大钟鼓楼的室内壁画多为明代作品；晚期的壁画主要分布在几个小配殿和瞿昙殿的抱厦里。壁画中有的图幅较大，场面壮观、气势宏伟。如像隆国殿和宝光殿内的巨幅壁画，高度均在4米左右，宽度则与各开间的宽度相同。这些殿堂壁画的内容以佛像和装饰画为主，题材有释迦牟尼、喜金刚、宗喀巴、千手千眼观音、供养菩萨、比丘、四大金刚、护法神等。隆国殿内的部分早期作品还有宣传红教教义的题材。

八、寺院中的衙门

在寺院主体建筑群东部偏北，有两进院落，系活佛住所，藏语称“囊谦”。“囊谦”亦分前后两院，前院中路为大过厅，左右对称起建二层小楼，大过厅南侧有“倒座”，亦即厨房；后院以大经堂为主体建筑（惜已于民国时期毁于火灾），左右亦有二层小楼；在前后院之间、大过厅两端还各有一个二层小楼院，分别称为上转楼和下转楼。

瞿昙寺有智合仓、卓仓曼巴仓、卓仓居巴仓等三个转世活佛系统。智合仓活佛系统以瞿昙寺开创僧三罗喇嘛为第一世，历来为瞿昙寺寺主。“智合”在藏语中意为石岩，系指当年三罗喇嘛曾在当地的官隆岩洞修炼过。由于在传说中三罗喇嘛经常乘骑一头白牛，人称

图8-1 囊谦垂花门

囊谦垂花门与汉族地区常见的垂花门之间的最大区别就是它的封闭与厚重，否则便不足以显示活佛的权威。

图8-2 大过厅全景

大过厅既是通向囊谦内院的主要通道，也是活佛处理日常事务的场所，因而在信徒和牧民心目中具有特殊的重要性。

图8-3 木雕特写
精美的木雕，为这座气象森严的衙门增添了几许活泼的气息。

图8-4 后院东配楼宝瓶脊饰/对面页
作为活佛日常起居处的后院东配楼，其建筑形式完全是甘肃、青海一带汉族建筑的忠实摹本，一种复杂而矛盾的心绪就这样无言地表露出来。

“朗嘎哇”，因而人们也称智合仓活佛为“朗嘎哇”。智合仓活佛转世系统由三罗喇嘛家族（又称梅氏家族）成员班觉丹增创始于清康熙年间。班觉丹增又名官却图多央增，曾被封为“灌顶净觉弘济大国师”。其余两个活佛转世系统均由班觉丹增亲属中派生而出，故其权势地位均低于智合仓。现任寺主仓成善，为末世智合仓。

实际上，在藏传佛教寺院中真正掌管实权的通常都是管家。瞿昙寺的管家历来由梅氏家族成员担任。他们不但在寺院中而且在地方上都拥有很大的权势。

由于政教合一制度赋予活佛以特殊的权力，因而活佛的住所“囊谦”也就具有了衙门的性质。瞿昙寺“囊谦”的大过厅单檐硬山，面阔七间，进深五间前后出廊，是活佛处理日常事务之处。与其使用性质相适应，这座建筑

外观规整严肃，表现出一种咄咄逼人的气势。但在细部处理上，又极尽雕琢之能事，无论是额枋雀替的木刻纹样，或是墀头照壁的砖雕图案，都具有较高的艺术水平，为这座威严的建筑增添了几分华贵的气息。

活佛的日常起居处在“囊谦”后院的东配楼。该楼上下两层，单檐硬山，面阔五间，进深三间前出廊，整体格局带有明显的甘、青汉族建筑特征，但室内布置仍表现出浓郁的藏式风格。

九、汉藏文化交流的结晶

河湟地区汉藏居民杂处，是汉藏文化交汇之地。在明代，更多的渠道加速了汉藏文化的交流。如前所述，明王朝利用政治、军事和宗教等手段，有效统治了藏族地区，也在客观上促成了中原与藏区的文化交流。往来频繁的藏区朝贡和朝廷回赐、藏区和中原的茶马贸易等，更使汉藏文化交流得以加速。而自古以来汉地佛教与藏传佛教的不解之缘，既是汉藏文化交流的重要纽带，也形成了向藏区移植汉地建筑式样的文化心理基础。再加上朝廷动辄封王拜师，赐建寺院，敕谕护持。寺院建筑的营造因为朝廷的重视，便不能草率进行，这也为汉地建筑技艺向藏区传播提供了契机和更强劲的推动力。

青藏地区闻名遐迩而且影响深远的“热贡艺术”，是以建筑壁画、建筑彩画和泥塑佛像（多用于佛寺）为主要表现形式的藏传佛教艺术流派。它因发源于青海省黄南藏族自治州同仁（藏语“热贡”）县而得名，是这一时期在汉藏文化交流中应运而生的艺术硕果之一。据调查，“热贡艺术”最早的艺人，不少是来自内地的汉族工匠。正是这批内地工匠，为早期的热贡艺术融入了较浓厚的汉地佛教艺术的色彩，使汉地佛教艺术成为热贡艺术的来源之一。20世纪50年代尚存的隆务寺的一座神殿中的彩塑四大天王，属早期作品，其中就保留了中原佛教艺术的特点。时至今日，热贡艺术虽然已融入了藏族本身和其他民族及地区的艺术风格，却仍能从中清晰地看出汉地文化的影响。此外，明朝向藏族地区派驻的军队，也往

图9-1 瞿昙寺四大金刚之一

热贡艺术使人们常见的四大金刚面貌一新。

往成为文化的传播者。事实上，热贡艺术的早期艺人，也正是“分兵屯田”的军户。热贡艺术渊薮之地的同仁县吴屯，即由明初从“吴地”即江苏调来的兵士驻屯而得名。

荟萃了甘青民间建筑和北京官式建筑技术与艺术的瞿昙寺，正是汉藏文化交流的结晶。寺院的建筑布局、规划、构造做法、建筑彩画等方面以及廊庑中大面积的壁画均表现出较为典型的汉式风格，而后院部分的营造由于受到皇家高度重视而显示出北京官式建筑风格，这在遥远的边陲更具典型意义。然而各佛殿内的壁画和泥塑佛像雕像等，却显然是热贡艺术的作品，再加上屋脊上的宝瓶脊饰等等各种具有藏传佛教风格的装饰，所有这一切正体现了汉藏艺术的融合。反过来，瞿昙寺建成后，该地区的汉藏人民以及其他民族间的文化接触和交流就更加频繁，长期以来瞿昙寺地区农牧相间、相得益彰，彼此在生产技术、语言文字、风俗习惯、宗教信仰等方面的相互影响更加深入和广泛。

图9-2 瞿昙寺细部装饰/对面页
细部装饰的魅力在于它不动声色地将所要表达的主题展现得淋漓尽致。

大事年表

朝代	年号	公元纪年	大事记
明	洪武二十二年	1389年	创寺僧三罗喇嘛进京
	洪武二十五年	1392年	建色哲三罗佛刹，即后来的瞿昙殿
	洪武二十六年	1393年	朱元璋赐名“瞿昙寺”
	永乐六年五月十五日	1408年	立“皇帝敕谕碑”
	永乐十年	1412年	四月十日，班丹藏卜被封为“灌顶净觉弘济大国师”，并颁给镀金银印一颗，上镌“灌顶净觉弘济大国师玺”，重八十两
	永乐十年十月十五日		钦赐三罗喇嘛“从便修行，不许士官军民人等侮慢欺凌”
	永乐十二年	1414年	三罗喇嘛圆寂
	永乐十五年	1417年	索南坚参在京去世
	永乐十五年	1417年	十月七日，成祖下令在寺内为班丹藏卜祝赞，铸金佛像一尊
	永乐十六年	1418年	正月二十二日，立“皇帝敕谕碑”
			三月初一日，立成祖“御制金佛像碑”
			宝光殿建成
	洪熙元年	1425年	正月十五日，立“御制瞿昙寺碑”

朝代	年号	公元纪年	大事记
明	宣德二年	1427年	正月初六日，立匾额一通（原悬于山门，1958年毁）
			隆国殿建成；二月初九日，立“御制瞿昙寺后殿碑”
			三月初三日，宣宗下令从西宁卫百户通事族军中调拔五十二名兵士给瞿昙寺。其后裔后成为佃户村村民
	宣德六年九月二十一日	1431年	明王朝授予喃葛藏卜已故叔父索南坚参“灌顶广智弘善国师”名号
	成化二年正月二十九日	1466年	明王朝正式颁给领占藏卜和班卓儿藏卜一寺二国师名号，明宪宗还赏地赐物
	弘治二年五月二十九日	1489年	明孝宗升授尼麻藏卜以都纲职务，同时颁给礼部造弘字一四一号篆文都纲铜印一颗
清	乾隆四十七年	1782年	瞿昙殿增建抱厦，同时将两侧廊也进行了修缮，施工中，侧廊脱落的壁画被全部铲除，打好了底面准备重新绘制，可惜未遑完成
中华民国	民国33年	1944年	因震灾修葺瞿昙寺，内容包括隆国殿顶棚台阶，宝光殿砖瓦、左右两廊，瞿昙寺前后墉垣屋阶和四座宝塔
	民国期间		囊谦大经堂被烧毁

朝代	年号	公元纪年	大事记
中华人民共和国		1958年	寺院城垣被炸毁
		1959年	瞿昙寺被列入青海省第三批文物保护单位，并派专人负责管理并拨款维修
		1982年	瞿昙寺被国务院列入第二批全国重点文物保护单位
		1985年	瞿昙殿落架大修
		1993年	应青海省文化厅邀请，天津大学建筑学系对瞿昙寺进行详细测绘，并负责制订维修计划
		1995年	国家文物局正式批准全面维修瞿昙寺

图书在版编目（CIP）数据

青海瞿昙寺 / 博文撰文 / 徐庭发等摄影. —北京：中国建筑工业出版社，2014.6
（中国精致建筑100）
ISBN 978-7-112-17138-5

Ⅰ. ①青… Ⅱ. ①博… ②徐… Ⅲ. ①喇嘛宗-寺庙-建筑艺术-乐都县-图集 Ⅳ. ① TU-098.3

中国版本图书馆CIP 数据核字（2014）第179958号

责任编辑：董苏华 张惠珍 孙立波
技术编辑：李建云 赵子宽
图片编辑：张振光
美术编辑：赵 清 康 羽
书籍设计：瀚清堂·赵 清 周伟伟 康 羽
责任校对：张慧丽 陈晶晶 关 健
图文统筹：廖晓明 孙 梅 骆毓华
责任印制：郭希增 臧红心
材料统筹：方承艺

中国精致建筑100

青海瞿昙寺

博 文 撰文/徐庭发 吴 葱 摄影

中国建筑工业出版社出版、发行（北京西郊百万庄）
各地新华书店、建筑书店经销
南京瀚清堂设计有限公司制版
北京顺诚彩色印刷有限公司印刷

开本：889×710 毫米 1/32 印张：$2^3/_4$ 插页：1 字数：120 千字
2016年3月第一版 2016年3月第一次印刷
定价：**48.00**元
ISBN 978-7-112-17138-5
（24370）